Los ciclos de la vida

Mi vida como MARIPOSA MONARCA

PICTURE WINDOW BOOKS
a capstone imprint

Publicado por Picture Window Books, una marca de Capstone.
1710 Roe Crest Drive, North Mankato, Minnesota 56003
capstonepub.com

Derechos de autor © 2024 por Capstone. Todos los derechos reservados. Ninguna parte de esta publicación puede ser reproducida ni total ni parcialmente, ni almacenada en un sistema de recuperación, ni transmitida de ninguna forma o por ningún medio, ya sea electrónico, mecánico, fotocopia, grabación o de otro tipo, sin la autorización escrita de la casa editorial.

Library of Congress Cataloging-in-Publication Data
Names: Sazaklis, John, author. | Nguyen, Duc (Illustrator), illustrator.
Title: Mi vida como mariposa monarca / John Sazaklis ; illustrated by Duc Nguyen.
Other titles: My life as a monarch butterfly. Spanish
Description: North Mankato, Minnesota : Picture Window Books, una marca de Capstone, [2023] | Series: Los ciclos de la vida | Translation of: My life as a monarch butterfly. | Audience: Ages 5 to 7 | Audience: Grades K-1 |
Summary: "Hello! I am a monarch butterfly. Surely you've seen me fluttering around, but have you thought about where I come from? Learn more about my life cycle from little caterpillar to beautiful butterfly"-- Provided by publisher.
Identifiers: LCCN 2022051466 (print) | LCCN 2022051467 (ebook) |
  ISBN 9781484686980 (tapa dura) | ISBN 9781484686942 (PDF libro electrónico) |
  ISBN 9781484686966 (kindle edition) | ISBN 9781484686973 (epub)
Subjects: LCSH: Monarch butterfly—Life cycles—Juvenile literature.
Classification: LCC QL561.N9 S2918 2023 (print) | LCC QL561.N9 (ebook) | DDC 595.78/9—dc23/eng/20221101

Créditos editoriales
Editora: Alison Deering
Diseñadora: Kay Fraser
Investigadora de medios: Svetlana Zhurkin
Especialista en producción: Katy LaVigne

Traducción al español por: PA Bilingual Communication Services

Printed and bound in China 5377

Mi vida como MARIPOSA MONARCA

por John Sazaklis

ilustrado por Duc Nguyen

Saludos, leal lector. Soy una mariposa **monarca**. La palabra monarca también significa rey o reina. Aunque me veas chiquita, ¡soy la gobernante de las alturas!

Pero no siempre fui de la realeza, ni siquiera mariposa. Comencé la vida siendo un huevito del tamaño del punto al final de esta frase.

Las monarcas ponen sus huevos en diferentes momentos del año. Hay cuatro grupos cada año. Los primeros tres grupos solo viven de seis a ocho semanas. ¡Pero yo soy especial!

Mi madre pone sus huevos en octubre. Usa un pegamento especial para pegarlos a las plantas de **algodoncillo**.

Mamá puede poner hasta 300 huevos a la vez. ¿Ves el huevito allá arriba? Tiene una dura capa exterior que protege lo que está creciendo adentro— ¡yo!

Tardo unos cuatro días en salir del cascarón. Ahora soy una linda **larva**. Tal vez me conoces como una oruga bebé. ¡Y tengo hambre!

Lo primero que como es mi cascarón. ¡CRONCH! Luego me como la planta de algodoncillo donde nací.

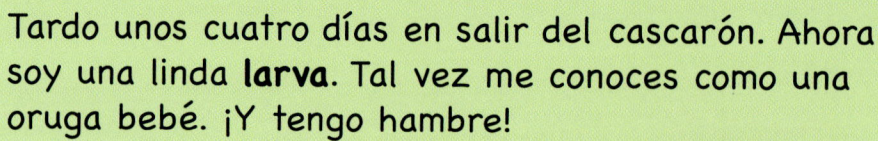

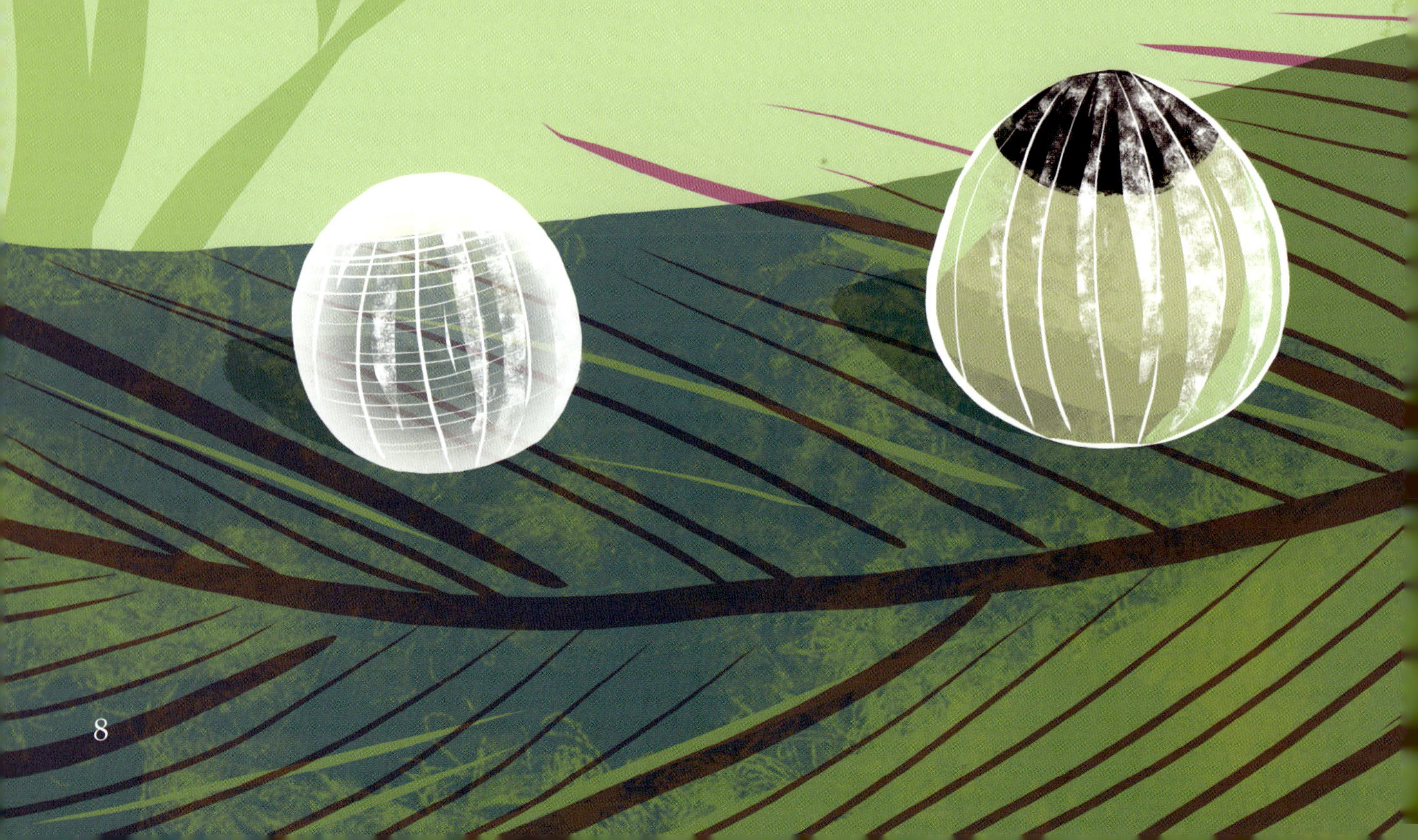

Paso los siguientes 10 a 14 días comiendo y creciendo. ¡También mudo la piel cinco veces!

No veo muy bien durante esta etapa. Pero tengo unos órganos puntiagudos que se llaman **antenas**. Son de ayuda para orientarme.

También tengo ganchos pequeñitos en mis patas. Me ayudan a agarrarme para que no me caiga mientras me deleito con mi comida. ¡Esta dieta equilibrada se ha convertido en un acto de equilibrio!

Ya llegó la hora para otro cambio. Lo siento desde mis antenas hasta mis seis patas. ¡Mi cuerpo quiere echarse a volar!

Pero primero necesito encontrar un lugar seguro y privado para prepararme. Tejo una almohadilla de seda para poder colgarme boca abajo desde una hoja o una ramita. ¡Mírame, soy la letra jota!

Sigo colgada boca abajo durante más o menos un día. Ha llegado la hora de la etapa de **pupa**. Mudo la piel una última vez. Por debajo está mi **crisálida**.

La crisálida actúa como una armadura. Me mantiene segura y me ayuda a camuflarme. No quiero que me coma ningún **depredador** fastidioso.

Ya empieza el cambio de colores. ¿Ves esos tonos negros y anaranjados? ¡Son mis alas!

La **metamorfosis** tardará otros 10 a 14 días. Por fin llegó la hora de salir como . . .

. . . ¡una bella mariposa monarca! ¡Ta-tán!

Espero unas horas hasta que mis alas estén listas para volar. Se llenan de líquido, se expanden, se secan y se endurecen. Luego, *tris tris*, *tris tras*. ¡Y me echo a volar! ¡HASTA LUEGO!

Estas maravillosas alas vienen en dos poderosos pares. Las alas delanteras me ayudan a volar. Las alas traseras son buenas para planear en el aire.

También son una manera de distinguir a los machos y las hembras. Los machos tienen una mancha negra en las dos alas traseras.

Igual, todas volamos muy rápido. Las monarcas pueden llegar a las 5.5 millas (nueve kilómetros) por hora. ¡Alcánzame si puedes!

Ser mariposa adulta tiene otras ventajas, ¡y otras partes del cuerpo también! Tengo miles de ojos pequeñitos. Cada uno puede detectar luz e imágenes.

También tengo dos nuevas antenas. Estas me ayudan a oler las flores— y a mi futura pareja.

Y luego tengo mi **espiritrompa**. Funciona como una sorbete largo. La puedo enrollar y extender. La uso para chupar el agua, el **néctar** de las flores y la salvia del algodoncillo.

Mi dieta deliciosa también me protege. Si un pájaro intenta tragarme, el algodoncillo le deja un mal sabor en su pico. ¡Lo siento!, aunque no mucho.

A mí y a mi enorme familia de monarcas nos encanta viajar. Levanto el vuelo junto a casi 500 000 de mis compañeros. ¡Nuestra reunión familiar parece una cortina de mariposas!

Empezamos en Canadá o en los Estados Unidos y volamos hasta la región central de México para pasar el invierno. ¡No hay nada como un viaje tropical para calentarnos las alas!

Cuando llega marzo, ya es hora de regresarnos al norte. Me iré volando a Texas para encontrar una pareja. ¡Juntos, comenzaremos de nuevo el ciclo de vida!

Mi vida como mariposa monarca

Sobre el autor

John Sazaklis figura en la lista del *New York Times* de los autores con más ventas, ¡con más de 100 libros infantiles en su haber! Además, ha ilustrado libros de Spider-Man, ha creado juguetes para la revista *MAD* y ha sido escritor para la serie animada *BEN 10*. John vive en la ciudad de Nueva York con su esposa y su hija, ambas con superpoderes. Recientemente se sumaron a su equipo para darle voz al Grinch y a los Whos en la serie de libros interactivos *Dr. Seuss The Sounds of Grinchmas: With 12 Silly Sounds*!

Sobre la ilustradora

Duc Nguyen nació y creció en la ciudad de Ho Chi Minh, Vietnam, donde obtuvo una licenciatura en Diseño Gráfico e Ilustración en la Universidad de Bellas Artes de la ciudad de Ho Chi Minh. Duc comenzó su carrera en una revista local y ha ganado experiencia con una variedad de libros para varias editoriales. En su tiempo libre, a Duc le gusta hacer repostería y manualidades y pasar tiempo con sus perros.

Glosario

algodoncillo—una planta que contiene una salvia lechosa y vainas puntiagudas; las mariposas monarca ponen sus huevos sobre el algodoncillo

antenas—órganos que se encuentran en la cabeza de los insectos para sentir, tocar y oler

crisálida—la tercera etapa de la vida de una mariposa; otra palabra para crisálida es pupa

depredador—un animal que caza otros animales para alimentarse

espiritrompa—una trompa larga y delgada que forma parte de la boca de las mariposas

larva—un insecto que está en la etapa entre huevo y adulto

metamorfosis—cambiar de una forma a otra muy diferente, como de oruga a mariposa

monarca—una mariposa grande y de color negro y anaranjado; las monarcas se encuentran comúnmente en Norteamérica

néctar—un líquido dulce que se encuentra en muchas flores

pupa—un capullo duro que contiene a una criatura; la criatura está pasando de su etapa de larva a su etapa de adultez

Índice

alas, 16, 29, 20, 24
algodoncillo, 7, 8, 23
antenas, 10, 12, 22

Canadá, 24
colores, 16
crisálida, 14-15

depredadores, 15, 23
dieta, 8, 11, 23
duración de vida, 6

espiritrompa, 23
Estados Unidos

huevos, 6-7

larva, 8

metamorfosis, 16
México, 24

néctar, 23

ojos, 22
oruga, 8

piel, 10, 14
parejas, 22, 26
patas, 11, 12
pupa, 14

salida de cascarón, 8

tamaño, 5

velocidad, 21
viaje, 24